# ゼロから学ぶ

# 5G

## 入門講座

著
竹井俊文

株式会社 コガク
とおとうみ出版

5th Generation

# はじめに

　対応機器なども普及し始め「5G」という言葉は広く認知されるようになりましたが、「スマホの通信が速くなる」のようないち消費者としてのメリットではなく、「企業・ビジネスにおいてはどのような意味があるか?」について理解できていますか?

　本書では5Gにまつわる様々な疑問にお答えする形で、「5Gって何?」という基本から、DXにおける5Gの役割やIoT・AIとの関係、様々な分野・業界でどのようにして既存ビジネスや業務フローが変わるのか等の具体的なイメージを事例や図解を用いて解説します。
　専門性の高い5Gの通信技術そのものには踏み込まず、ビジネス上どのような影響やメリットがあるのかといった社会人なら誰もが知っておきたいリテラシーレベルの内容にポイントを絞っています。

# 目次

## 1 Chapter  5Gのこと知っていますか？

## 2 Chapter  5Gは、今までの無線/有線と、何が違うの？

## 3 Chapter  5Gを導入すると、何ができるようになるの？

# 5th Generation

# 本書の使い方

　本書はeラーニング「ゼロから学ぶ5G入門講座」(※)の講義をリアルに紙面上で再現しました。講義の臨場感を感じられるよう、できるだけ講師の言葉をそのままにお届けしています。

　本書の特長として、「ワークブックテキスト」としてお使い頂けます。基本的な知識習得・理解をするための「テキスト」としての側面と、手を動かしてその学びを定着させる「ワークブック」としての二つの側面を持っています。ただ読むだけのテキストではなく、解いたら終わりのワークブックでもなく、その両方の機能を備えたのが「ワークブックテキスト」です。
　まずはテキストを読んで基礎学習を進め大まかな流れを掴んでください。次に、本文随所に設けられた空欄を埋めるワークとして、キーワードを自分自身で書き込んでください。「ゼロから学ぶ5G入門講座」のeラーニング動画(※)を視聴して講師の説明を聞き取る方法もありますし、自分自身で書籍やネット等を使い調べる方法もあるでしょう。空欄に当てはまる正解は巻末に掲載していますので、答え合わせをしてみてください。空欄が埋まり文章が完成されれば、完全版のテキストが出来上がります。完成したテキストを繰り返し読むことでさらに理解を深めてください。

　自分自身で読んだり、見聞きしたり、調べたり、そして手を動かして書いて、さらには正解かどうかを確認したり…と、様々な感覚を用いて「体験」することで、ただ読むだけでは得られない学習効果を得ることができるでしょう。テキストを「あなたが作り上げる」、そんなイメージで取り組んでみてください。

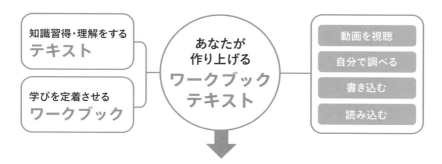

知識習得・理解をする
**テキスト**

学びを定着させる
**ワークブック**

あなたが
作り上げる
**ワークブック
テキスト**

動画を視聴

自分で調べる

書き込む

読み込む

**確実に身に付く!!**

調べる!

書き込む!

読み込む!

身に付く!

※ eラーニングの申込先…https://www.cogaku.co.jp

# Chapter 1

## 5Gのこと
## 知っていますか？

皆さんこんにちは。講師の竹井俊文です。

　最近、ネットとかニュースとかで、5Gという言葉をよく耳にしますよね。例えば、「俺のスマホを5Gにしたぜ」とか、「2022年末までには、ほぼ全国に5Gが普及する見込みになるらしいよ」とかそういう会話も増えてきました。

　ところが、「5Gって今までの4Gと何が違うの？」とか、「5Gで何ができるの？うちの会社でも使えるの？」とか、「ローカル5Gというものもあるらしいけど、5Gと何が違うの？」とか、そういう素朴な悩みをよく耳にします。

　本書はそういう方々にぴったりの、「ゼロから学ぶ 5G入門講座」です。本講座では、まず 5Gとは何かから始めます。5Gとは何かを学ぶとき、一番重要なことは、5Gが必要とされるビジネスの背景とニーズを理解することです。どうして今、5Gがビジネスに必要なのか。どうして今、5GがDX(デジタルトランスフォーメーション)によるビジネス変革に必要なのか、そこが一番のポイントです。そして、本講座の後で「5Gとはこういう意味だったんだ!」と、「なるほど5Gが必要だ!」と思われるかもしれません。

　それではまず、1章「5Gのこと知っていますか?」から始めましょう。

# 5Gって何なの?

　本講座は皆さんからいただいたご質問に対して私がお答えする形で進めさせていただきます。

　まず5Gについてよく聞かれることがあります。例えば「5Gって何なの?」という最も基本的な質問から、「5Gのニーズあるの?今すぐ必要なの?」というビジネスライクなもの、さらに、「5GはDX(デジタル変革)と関係あるの?」とか、「5GとIoT、ビッグデータ、AIとの関係は?」といった、今流行りのキーワードとの関係を聞かれる場合もあります。本章では、これらの質問にお答えします。

はい!先生!まずはじめに、5Gって何なんでしょうか?

はい、5Gの正式名称から説明しましょう。

　5Gとは、「第5世代移動通信システム」のことです。と言っても、何のことやらよくわからないので、この第5世代移動通信システムを分解してみましょう。

　まず、第5世代・移動通信・システムの三つのワードに分解します。さらに移動通信を移動・通信の二つのワードに分解します。以降これらのワードについて解説します。

　まず、移動通信の「移動」から説明しましょう。

　移動とは移動中、移動先にて移動通信サービスの利用ができることです。例えば、ヒトが家の中やビルの中、お店の中など、建物の中にいるときはもちろんのこと、建物から外に出て歩いたり、走ったり、車に乗ったり、電車に乗ったりして移動している場合でも、携帯電話やスマートフォン、タブレットなどから携帯電話サービスなどの移動通信サービスを利用することができます。

　しかし、今はそれだけではありません。ヒトだけではなく、モノも同じような移動通信サービスが利用できます。これが、モノのインターネット＝ Internet of Things（IoT）と呼ばれるものです。例えば、スマートフォンやタブレットも、ヒトが気づいていない間に勝手に移動通信サービスを利用しています。車や電車などの移動するものや家の中の電化製品、外の電気・ガスのメーター、自動販売機

など、あらゆるものが移動通信サービスを利用しています。

　次に移動通信の「通信」を説明しましょう。通信とはコミュニケーションとも呼ばれ、文字、音声、映像データの送信・受信をすることです。

　この移動通信には、皆さんも毎日スマホやタブレットから利用されている（①　　　　　　　　　　）ネットワークと呼ばれる公衆網があります。電話やメール、インターネット接続など、サービスを利用できるものです。インターネット接続サービスには、Web、SNS、動画配信、オンライン会議、オンラインゲームなどがあります。サービスエリアは全国をカバーしています。移動通信事業者としては、NTTドコモ、KDDI、ソフトバンク、楽天などがあります。

　また、移動通信にはプライベートネットワークと呼ばれる自営網もあります。プライベートネットワークは Private、すなわち、自己の建物や土地といった限られたエリアで、限られたヒトやモノが利用する移動通信サービスです。

　例えば屋内では、オフィスや工場、学校、病院などの建物に、会社や工場、学校、病院のプライベートネットワークが構築されています。例えば会社の従業員が自分のスマートフォンやタブレットから会社独自の移動通信サービスを利用できます。

　また屋外では、建設現場や工事現場、農場、道路などの敷地に建

設会社や工事会社、農場事業者、国や県、市町村のプライベートネットワークが構築されています。例えば建築現場のクレーン車や工事現場のブルドーザーなどの建機、農場のトラクターやドローンなどから建設会社・工事会社独自の移動通信サービスを利用できます。

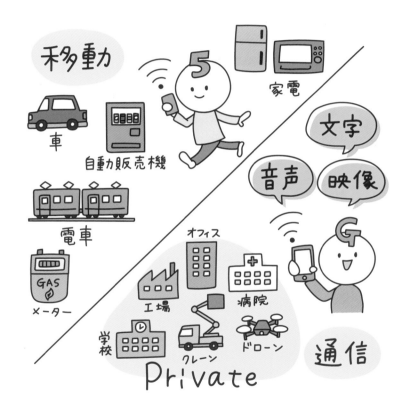

　次に移動通信システムの「システム」を説明しましょう。図1.1が移動通信システムのシステム構成と呼ばれるものです。大きく分けて、

移動通信システムはモバイル端末、基地局（アンテナ）、サーバの三つのシステムから構成されています。

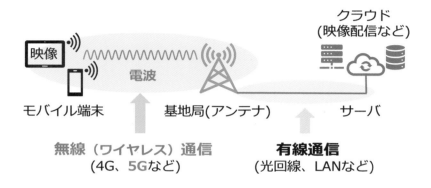

図1.1　移動通信システムのシステム構成

　モバイル端末はスマートフォンやタブレット、さらに IoTデバイスなど、ヒトやモノが移動通信サービスを利用できる端末です。このモバイル端末の中には、コンピュータすなわち CPUとメモリ、それと小さなアンテナ、アンテナを介して基地局との映像や文字などのデータをやりとりするネットワーク機器と呼ばれるものが入っています。
　基地局のアンテナとモバイル端末のアンテナの間は、目に見えない（②　　　　　　　　　　　　）によって繋がっています。基地局は全国に数多あります。それは一つの基地局アンテナがカバーするエリアは、ある範囲に限られているからです。例えば、皆さんのスマホは、その内一番近い一つの基地局と繋がっています。もし皆さんが移動し、それとともにスマホが移動すれば、その時点のスマホの位置に

よって、一番近い一つの基地局に繋がります。しかし、モバイル端末と基地局だけでは、スマホの画面には何も映りません。電話をかけたり、メールをすることもできません。映像配信など、移動通信サービスを提供するサーバが必要となります。サーバは通常、インターネットなどを介してクラウド上にあります。基地局とサーバ間は光回線やLANなどで繋がります。

ここで少し電波とは何かについて話しておきましょう。

電波とは文字・音声・映像データを乗せて運ぶ電磁波のことです。わかりやすく言うと、波のことです。空中に電波という目に見えないケーブルが張られており、その中を、映像などのデジタルデータが流れているようなイメージです。ケーブルはパイプのように太さ

の太い・細いがあり、太いパイプには多くのデータが流れることを覚えておいてください。

　無線通信とは、この電波を利用する通信であり、ワイヤレス通信とも呼ばれます。一概に無線通信と言っても、様々な電波の仕様・スペックがあります。その中の一つが、4Gであり、5Gであるわけです。当然電波の仕様・スペックが異なれば、利用されるテクノロジーも異なります。同じ電波でも、4Gと5Gとでは、利用される電波の(③　　　　　　　　　　　　)とテクノロジーが大きく異なります。

　最後に、5G＝第5世代移動通信システムの「5G：5th Generation(第5世代)」とは何かを説明しましょう。

5th Generation ⇒ 5G
**移動通信 の 進化 における 第5世代**

**1G**＝第1世代：ショルダーフォン(自動車電話)
▼
**2G**＝第2世代：**携帯電話**　電話・メール
▼
**3G**＝第3世代：携帯電話　**インターネット接続(Web　画像)**
▼
**4G**＝第4世代：**スマートフォン　音声認識　SNS　動画配信　オンライン会議　オンラインゲーム**
▼
**5G**＝第5世代：**今まで できなかった 課題解決**
＝
**DX(デジタル変革)**

図1.2　移動通信の進化

1Gから5Gは移動通信の進化の歴史とも言えます。

1G: 第 1世代とは、モバイル端末が重くて大きいため、肩にかけて持ち運びするのでショルダーフォンとも呼ばれる自動車電話のことです。

2G: 第2世代とは、モバイル端末が手に持って持ち運びできるよう、小型化された携帯電話のことです。まだ電話とメールしかできませんでした。

3G: 第3世代では、同じ携帯電話ですが、モバイル端末と基地局の間の無線通信のスピードが速くなり、すなわち無線通信のパイプが太くなり Webや画像などインターネット接続サービスが利用できるようになりました。

4G: 第4世代では携帯電話に変わって、スマートフォンやタブレットが登場してきました。おなじみの iPhoneや Androidなどです。モバイル端末と基地局との間の無線通信のスピードがさらに速くなり、すなわち無線通信のパイプがさらに太くなり、音声認識や SNS、動画配信、オンライン会議、オンラインゲームなどの移動通信サービスができるようになりました。

そして、今後、5G：第 5 世代では、今までできなかった課題解決ができるようになります。これは DX（デジタル変革）そのものであり、以降において解説します。

## 1-2

# 5Gのニーズはあるの？
# 今すぐ必要なの？

はい！先生！5Gって何かよくわかりました。
次に、5Gのニーズはあるのでしょうか？
もしあるとして、今すぐ必要なのでしょうか？

はい、DX(デジタル変革)へと
向かう変革の流れを図にすると
次のページのようになります。

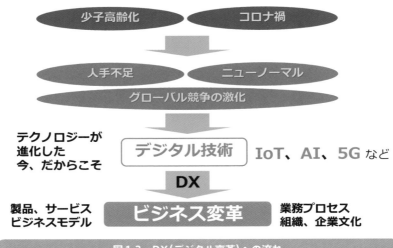

**今まで できなかった 課題解決、新たな課題解決**

少子高齢化 コロナ禍

人手不足 ニューノーマル

グローバル競争の激化

テクノロジーが
進化した
今、だからこそ

デジタル技術 IoT、AI、5G など

DX

製品、サービス
ビジネスモデル

ビジネス変革

業務プロセス
組織、企業文化

図1.3　DX（デジタル変革）への流れ

　まず、今までできなかった課題解決、新たな課題解決として、少子高齢化とコロナ禍という二つの大きな社会背景があります。この背景のもと、社会ニーズが起こっています。つまり、喫緊の課題解決並びに新たな価値創造が求められてるということです。

　具体的には、（④　　　　　　　　　　　）の解消、ニューノーマルへの移行、グローバル競争の激化への対応というビジネス課題の解決ニーズが起こっています。このビジネス課題解決ニーズをもとに、今、ビジネス変革は喫緊の課題となっています。

　そこで、何の技術・テクノロジーを活用して、何を変革するのか。その答えが、IoT、AI、5Gなどの最新のデジタル技術です。テクノロジーが進化した今だからこそできる改革なのです。これがDX（デジタル変革）によるビジネス変革の流れです。「ビジネス課題解決ニーズをもとに、最新のデジタル技術（IoT、AI、5G）を活用してビジネス変革（製品、サービス、ビジネスモデル）と、内なる変革（業務プロセス、組織、企業文化）をおこなう」ということです。

　ここで、DX（デジタルトランスフォーメーション）とは何か理解しておきましょう。DX（デジタル変革）とは、経済産業省「DX推進ガイドラインにおけるDXの定義」によると、「企業がビジネス環境の激しい変化に対応し、デジタル技術を活用して、社会のニーズをもとに、ビジネス変革と内なる変革によって競争上の優位性を確立すること」です。

ここで、デジタル技術とは、IoT(Internet of Things)やAI・人工知能、5G（第5世代移動通信システム）のことを指します。
補足すると、DXは図1.4のようになります。
　「企業がビジネス環境の激しい変化に対応し、デジタル技術（IoT、AI、5Gなど）を活用して、社会のニーズ（課題解決、新価値創造）をもとに、ビジネス変革（製品、サービスビジネスモデル）と内なる変革（業務プロセス、組織、企業文化）によって競争上の優位を確立すること」。
　5Gインフラの整備によるビジネス変革のニーズは大きく、今すぐ必要であると言われています。

企業が ビジネス環境の激しい変化 に対応し、

**デジタル技術** (**IoT**、 **AI**、 **5G** など) を活用して、

**社会のニーズ** (**課題解決**、 **新価値創造**) を基に、

**ビジネス変革** (**製品**、 **サービス**、 **ビジネスモデル**) と、

**内なる変革** (**業務プロセス**、 **組織**、 **企業文化**)によって、

競争上の優位性を確立すること

経済産業省「DX推進ガイドライン」における「DX」の定義

図1.4　「DX（デジタル変革）」とは

## 1-3

# DXにおける5Gの役割 IoT、AIとの関係は？

> はい！先生！5Gのニーズはあること、それも今すぐ必要なことが、わかりました。

> 次に、最近、DX(デジタル変革)って言葉はよく耳にしますが、DXにおける5Gの役割って何なんでしょうか？
> また、5GとIoT、AIとの関係はあるのでしょうか？

お答えする前にまず、新たな産業革命は何かということを考えてみましょう。新たな産業革命、すなわち（⑤　　　　　　　　　）産業革命に必要な新たな資源とは何でしょうか？何を与えると、新たな技術・労働力である何が働いてくれるんでしょうか？

　それは「ビッグデータ」です。ビッグデータが新たな資源となり、新たな技術・労働力である AI＆ロボットくんを働かせることができます。これが第4次産業革命の本質です。

　AIに与えるビッグデータとはどういうものなのか。何が入っていなければならないのかについて説明します。

　周りを見ますと、あらゆるモノやヒトは世界中で時事刻々と変化しています。あらゆるモノやヒトの変化情報がビッグデータなんです。
　まず、モノやヒトの位置情報があります。代表的なものがスマホの位置情報です。

　また、モノやヒトの発信情報もあります。SNSがその代表でしょう。モノも例えば温度センサをつければ温度を発信します。カメラを設置すれば画像を発信します。

　また、モノやヒトの状態変化もあります。ヒトの健康、病気、モノの正常稼動・異常稼働・故障、会社の経営状況、気象、災害などもそうです。

　さらに、モノやヒトの時間をかけてゆっくりと変化する経年変化もあります。成長、老化、衰退、環境、社会、経済、地球温暖化、などもあります。

---

・位置情報
　（行動履歴、接触履歴、走行履歴、航行履歴、飛行履歴など）
・発信情報
　（画像、動画、音声、文字、観測値、測定値など）
・状態変化
　（健康、病気、正常稼働、異常稼働、故障、経営、気象、災害など）
・経年変化
　（成長、老化、劣化、衰退、環境、社会、経済、地球温暖化など）

図1.5　あらゆるモノやヒトの変化情報

---

　まず、それらの世界中で時事刻々変化してる変化情報をスマホとIoTのセンサで捉えます。IoTによる変化情報の収集は、5Gも一役買います。そして、それらの変化情報をデータベースに集め、新たな資源であるビッグデータとするわけです。

ビッグデータは膨大な情報量です。このビッグデータを電波で運ぶためには、無線通信の太いパイプが必要となります。そのため、5Gは大いに役立ちます。

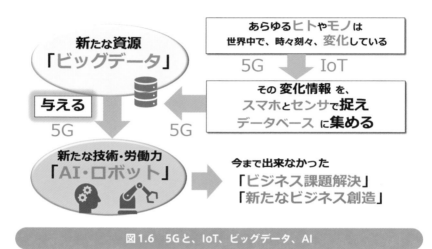

図1.6　5Gと、IoT、ビッグデータ、AI

　これらの変化を説明する相関関係や因果関係のあるビッグデータをAIに与えると、AIは働いてくれるというわけです。新たな技術・労働力としてのAI・ロボットは、今までできなかったビジネス課題解決と新たなビジネス創造をしてくれます。

　その際、膨大な情報量であるビッグデータをAIまで無線で運ぶためには、無線通信の太いパイプが必要になります。また、AIがデータを分析した結果を直ちにビジネス現場へ遅れなく早く送るためには、信頼性の高いパイプが必要となります。そのためにも、5Gは大いに役立ちます。

この章を振り返ってみましょう。DXのニーズは、データを活用してビジネス課題を解決することにあります。IoTがデータを収集、AIはデータを分析、5Gは DXを回すということです。具体的に言うと、IoTがビジネス現場で収集したデータを AIへ送る。AIがデータ分析した結果を、5Gが現場へ送る、ということになります。

# 2 Chapter

5Gは、今までの無線／有線と、何が違うの？

それでは次に、2章「5Gは、今までの無線／有線と、何が違うの？」
に移りましょう。

　5Gについてよく聞かれること、これらもあるあるです。「5Gって、
4Gと何が違うの？」という少し5Gが気になった人からの質問です。
　また、「ローカル5Gって何？ 5Gと何が違うの？」という5Gをビ
ジネスに使いたい人からの質問、さらに、「ローカル5Gって有線
+Wi-Fi6と何が違うの？」といった本質を突いた少し難しいものもあ
ります。本章ではこれらの質問にお答えします。

# 5Gは、従来の4Gと何が違うの？

はい！先生！5Gのことをもっと知りたいです！
5Gは従来の無線である4Gと何が違うのでしょうか？

はい、それではまず、従来の4Gでどのような問題が起きているかを見ていきましょう。

（図2.1）右側が基地局とサーバ間の有線通信です。光回線の場合、超高速の（①　　　　　　　　　　　）ができるので、太いパイプで結ばれていると思ってください。片や、左側がモバイル端末と基地局の電波による無線通信です。従来の4Gの場合には、光回線よりデータ通信の速度は遅いので、右側の光回線の太いパイプより細いパイプで結ばれているイメージです。

　2K映像の場合には、通常、超高速のデータ通信が必要とされていないので、従来の4Gの細いパイプでも何とか映像データを送ることができます。ところが昨今、映像は2K高精細映像から4K、さらに8K超高精細映像へと徐々にコンテンツが進化してきています。そうなると何が起こるのでしょうか？ 4K/8K超高精細映像配信サーバから送られてくる単位時間あたりの映像データが多くなります。すなわち、右側の光回線のパイプの中に流れる映像データが増えます。

　ところが、左側の4Gのパイプは従来通り細いままです。太さの異なるパイプが繋がってる、そういう状態をイメージしてください。その結果、モバイル端末、例えばスマホやタブレットに映る4K/8K超高精細映像はどのようになるのでしょうか、皆さんも考えてみてください。

　せっかくの4K/8K超高精細映像が乱れてよく見えない。見ていてストレスを感じるということになります。例えば、企業でのオンライン会議やオンライン商談においてこのような映像の乱れが起きるとビジネスに支障をきたします。また、学校でのオンライン授業に

おいてこのような映像の乱れが起きると学業に支障をきたします。

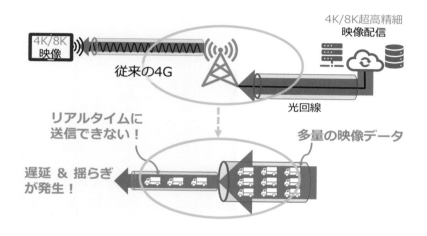

4K/8K超高精細
映像配信

4K/8K
映像

従来の4G

光回線

リアルタイムに
送信できない！

多量の映像データ

遅延 & 揺らぎ
が発生！

図2.1　4Gでの問題

ここで、従来の4Gにおいて、4K/8K超高精細映像を見られる仕
組みを少し詳しく見てみましょう。左右の異なるネットワークに接
続し、データの受け渡しをする基地局に注目してみましょう。問題
なのは、左右のネットワークのパイプの太さが異なることです。ト
ラブルが起きるのはこの図のように太いパイプから細いパイプへ大
量のデータが流れるケースです。

例えば高速道路を走行している車の全てが一斉に同じ一般道路へ
降りてくるようなものです。当然、一般道路では車が渋滞してしま
います。つまり、左側の4Gの細いパイプでは、リアルタイムにデー
タを送信できないため、データの（②　　　　　　　　　　）や揺ら

2

5Gは、従来の4Gと何が違うの？

ぎが発生します。映像データの場合には、映像や音声が乱れたり途切れたりします。そこで新たに5Gが必要になってくるわけです。

　4Gと5Gの違いは、無線通信能力の違いにあります。新たな5Gでは、Sub6やミリ波と呼ばれる新たな電波を使います。この新たな5Gの電波は、従来の4Gの電波に比べて、周波数が高い電波です。周波数が高くなるということは、無線通信能力も高くなるということです。

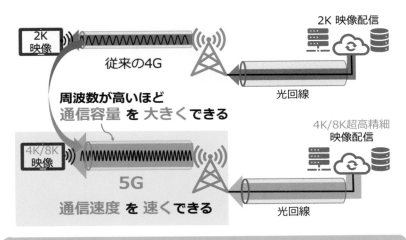

図2.2　無線通信能力の違い

　少し技術的な話をしますと、周波数と通信容量、すなわち通信速度は密接な関係があります。

　テクノロジー的には、周波数が高いほど（③　　　　　　　　　　）を大きくすることができます。すなわち、4Gから5Gへアップグレー

ドすることによって、通信速度を速くすることができるのです。

　わかりやすく言えば（図2.2）左側において、4Gを5Gに変えることによって、パイプの太さが太くなり、右側の光回線と同じような太さになるということです（図2.3）。つまり、右側の光回線と同じく左側の5Gも超高速通信ができるということです。言い換えれば、基地局の左右のネットワークのパイプの太さが同じように太くなるということです。その結果、車の渋滞が起こらなくなります。たとえ4Kや8K超高精細映像の多量のデータが流れてきても、リアルタイムに送信できるということです。
　その結果、データの遅延や揺らぎが起こらなくなります。すなわち、5Gでは映像が乱れないということです。

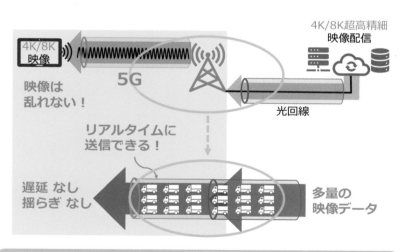

図2.3　5Gによる超高速通信

## 2-2

# ローカル5Gって何？
# 5Gと何が違うの？

はい！先生！5Gは4Gより速くなり、4K/8K超高精細映像でも乱れなくなること、よくわかりました。もっと知りたいです。

5Gとよく似た言葉で、ローカル5Gという言葉も時々耳にします。このローカル5Gって何なんでしょうか？そして、5Gとは何が違うのでしょうか？

まず、パブリックネットワーク（公衆網）とプライベートネットワーク（自営網）の違いを思い出してみましょう。

　パブリックネットワークは全国の広域エリアをカバーします。それに対してプライベートネットワークは、自己の建物や土地の狭いエリアをカバーします。例えば工場があるとします。この工場において、自己の建物敷地内の狭いエリアをカバーするプライベートネットワークを構築するとしましょう。

　プライベートネットワークに求められるものとしては二つあります。一つは、工場内にアンテナや機器を設置して構築するため、コンパクトな通信設備が必要となります。特にアンテナは、パブリックネットワークのような大きなアンテナは無理です。小さなアンテナが必要となります。もう一つは、パブリックネットワークの一般的なユーザー向けの移動通信サービスではなく、この工場の従業員だけが利用できるこの工場のビジネスに合った移動通信サービスが必要となります。そこで、新たにローカル5Gが必要となってくるわけです。

4Gと5Gの無線通信能力の違いにはもう一つあります。5Gでは
Sub6やミリ波と呼ばれる新たな電波を使うことは先ほど説明しまし
た。この新たな5Gの電波は、従来の4Gの電波に比べて、周波数が
高いことも先ほど説明しました。そこで、もう一つの特徴としては、
周波数が高くなると、アンテナが小さくなるということです。アン
テナが小さくなるということは、ローカル5G基地局の通信設備は小
さくなる、コンパクトになるということです。

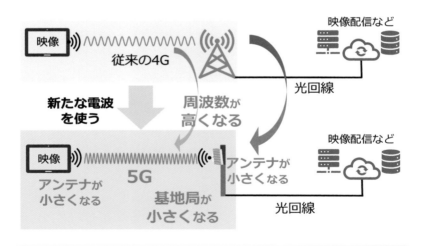

図2.4　5Gは、無線基地局が小さくなる

　パブリックネットワークすなわちNTTドコモ、KDDI、ソフトバンク、楽天などのキャリア5Gに対して、ローカル5Gの方が望ましい場合があります。例えば、自己の個別のニーズや課題を抱えている場合には、5G回線サービスを利用するよりも、ローカル5Gで自営網を構築する方が望ましいです。

　その理由としては、ローカル5Gは自己の建物・土地の特殊な環境やビジネス課題に特化した超高速、超高信頼性・低遅延、多数同時接続サービスをより高度かつ自由に実現できるからです。これはDX（デジタル変革）によるビジネス変革に他なりません。

　かつ、ローカル5Gは比較的容易にプライベートネットワークを構築できます。工場、学校、病院、オフィス、地域の通信事業者など、自己の建物や土地にコンパクトな基地局を設置できます。例えば、工場の近くにある電柱や工場の建物の壁などにローカル5Gの小さなアンテナを設置することができます。そして、光回線やLANなどのプライベートネットワークを経由して、プライベートクラウドのサーバから、工場の従業員や工場のロボットだけが工場のビジネスに合った自営のサービスを利用することができます。

ローカル5G
だから

むずかしい
仕事でも
キッチリ
こなすのさ。

5G

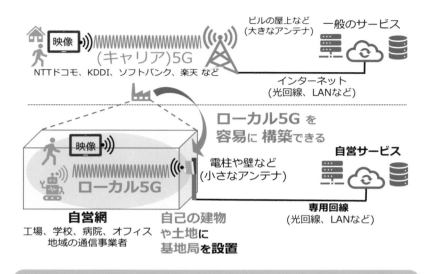

ビルの屋上など
(大きなアンテナ)

一般のサービス

(キャリア)5G

NTTドコモ、KDDI、ソフトバンク、楽天 など

インターネット
(光回線、LANなど)

ローカル5G を
容易に 構築できる

電柱や壁など
(小さなアンテナ)

自営サービス

ローカル5G

自営網
工場、学校、病院、オフィス
地域の通信事業者

自己の建物
や土地に
基地局を設置

専用回線
(光回線、LANなど)

図2.5　ローカル5Gは、容易に構築できる

**2-3**

# ローカル5Gと有線＋Wi-Fi6、何が違うの？

はい！先生！ローカル5Gは自分の建物や土地にプライベートネットワークを構築し、DX(ビジネス変革)を推進するものなのですね。よくわかりました。

でも、同じように自分の建物や土地に超高速の無線LANを構築するWi-Fi6というものもあるみたいですね。ローカル5GとこのWi-Fi6は何が違うのでしょうか？

ローカル5GとWi-Fi6はともに超高速な無線通信ができます。しかし、その違いは一言で言うと、ローカル5Gは固定回線とは異なる無線回線であり、Wi-Fi6は、固定回線を延長する無線LANであるということです。

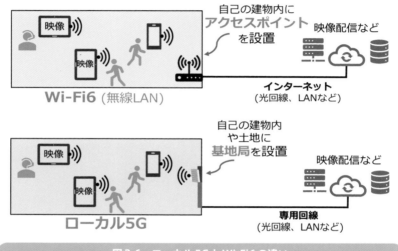

図2.6　ローカル5GとWi-Fi6の違い

　ローカル5Gの基地局は、自己の建物内や土地内であれば、どこに設置しても良いというわけではありません。(④　　　　　　　　　　)によって影響を受けやすい無線回線の品質をそれなりに保証するために、正式な場所に正しく設置する必要があります。

　それに対して、Wi-Fi6のアクセスポイントは、自己の建物内であれば、どこに設置しても良いです。その結果どういうことが起きるのか見てみましょう。

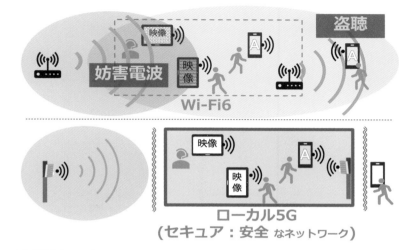

図2.7　ローカル5Gはセキュア

　Wi-Fi6の場合は、外部からの妨害電波によって、映像などが乱れる恐れがあります。また、自己の電波も外に出るので、機密情報や個人情報などが盗聴される恐れもあります。それに対して、ローカル5Gの場合は、外部からの妨害電波はありません。従って映像などが乱れることはありません。また、自己の電波も外に出ないので、機密情報や個人情報などが盗聴されることはありません。つまり、ローカル5Gは、セキュアなネットワーク、すなわち（⑤　　　　　　　　）ネットワークということです。

従って、どちらを導入するかは、工場、学校、病院、オフィスなどによって判断されます。一般的に、超高速のみが求められるモバイルユーザーの場合には、Wi-Fi6も選択肢の一つになると思います。

　しかし、超高速、超高信頼・低遅延かつ安全性が求められる工場や病院などのモバイルユーザーの場合には、超高速、超高信頼・低遅延に加え、セキュアな無線ネットワークを構築できるローカル5Gが選択肢の第1候補となると思います。

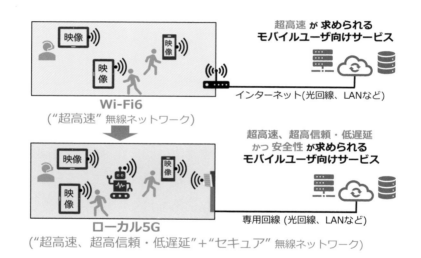

図2.8　ローカル5Gは、超高信頼・低遅延＋セキュア

はい、この章を振り返ってみましょう。5Gは周波数が高い電波を利用します。そのため通信容量を大きくできる、すなわち通信速度を速くできます。映像に必要な超高速通信ができるということです。その結果、4K/8K超高精細映像でも、乱れません。

　もう一つ、5Gは周波数が高い電波を利用します。そのため、アンテナは小さくなります。ということは基地局も小さくなります。Wi-Fi6より超高信頼・低遅延、かつセキュアなローカル5Gで自営網を構築できます。

# 3 Chapter

## 5Gを導入すると、何ができるようになるの?

それでは次に3章「5Gを導入すると、何ができるようになるの？」に移りましょう。

　5Gについてよく聞かれること、これらもあるあるです。「5Gで何ができるようになるの？」という少し使いたくなった人からの質問。
　また、「オフィスの無線化、ローカル5Gならできるの？」といったオフィスで5Gスマホやタブレットを使いたくなった人からの質問。
　さらに「工場の無線化、ローカル5Gならできるの？」といった工場で5Gスマホやタブレットを使いたくなった人からの質問。本章ではこれらの質問に答えます。

# 5Gを導入すると、
# 何ができるようになるの？

はい！先生質問です！まず初めに、5Gを導入すると、何ができるようになるんでしょうか？

はい。先ほど申し上げたキャリア5G・ローカル5Gとありますけれど、ここではキャリア5Gを例に挙げて、5Gは誰にとって必要なのかから説明しましょう。

5Gは今までなかったユーザー体験をしたい「5Gユーザー」、今までなかったユーザー向けサービスを提供する「5Gサービス事業者」、ならびに5G基地局と5Gコアネットワークのネットワーク設備を有し、今までなかった5G"超高速"無線サービスを提供する「5G通信事業者」にとって必要なことは言うまでもありません。

　「5Gを導入すると何ができるようになるの？」という質問に対して、この5Gユーザー、5Gサービス事業者、5G通信事業者の3者にフォーカスして、何を導入すれば何ができるようになるのかというふうに説明します。

　まず、5Gを導入すると何ができるようになるのという質問に対しては、4K/8K超高精細映像の活用があります。

　一般ユーザーに必要なのはスマートフォンとタブレットです。サービス事業者に必要なのは、4K/8Kライブ映像。このコンテンツをコンテンツサーバから映像サービスとして、一般ユーザーへ提供します。

次に、VR/ARバーチャル映像の活用があります。

VRとは仮想現実、ARとは（①　　　　　　　　　　　　　　）のことです。このVR/ARサービスをサービス事業者から一般ユーザーへ提供します。その場合、サービス事業者にはVR/ARライブ映像、映像コンテンツが必要となります。また、一般ユーザーに必要になるのは、スマートフォンとタブレットに加え、HMD（ヘッドマウントディスプレイ）が必要となってきます。また、5GからWi-Fiへ変換する5G Wi-Fiルータも必要となってきます。

次に、IoT、AI、ロボットの活用があります。

IoTによるビッグデータの収集、蓄積、AIによる（②　　　　　　　　　）
を行います。その結果を一般ユーザーのスマートフォン、タブレット、
ロボットに提供します。

　まとめると図3.1のようになります。5Gを導入すると、新たな5G
製品、新たな5Gサービス、新たな5G(③　　　　　　　　　)の
創出ができるようになります。つまり、DXの推進そのものです。こ
れはローカル5Gにおいても同じです。

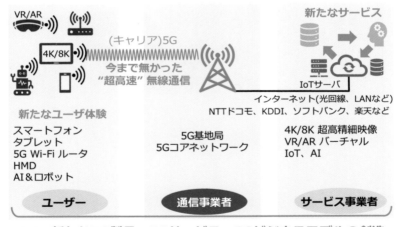

図3.1　新たな製品、サービス、ビジネスモデルの創造

# オフィス、工場の無線化、
# ローカル5G ならできるの？

はい！先生！5Gを導入すると、DX（デジタル変革）の推進、すなわち、新たな5Gの関連製品、関連サービス、関連ビジネスモデルが創造できるようになるということがよくわかりました。

もっと知りたいです。
オフィスや工場の無線化、
ローカル5Gでできるんでしょうか？

はい。まず、オフィスの無線化。これがローカル5Gでできるかどうか説明しましょう。

　従来のオフィスはオフィスLANと呼ばれるオフィス専用の有線ネットワークで構築されているケースが多いです。しかし、無線化されていないオフィスではいろいろ厄介な問題があるようです。例えば、自分のデスクから会議室、応接室あるいは他部門へ自分の端末を持ち運びして仕事ができない。それから、高精細映像はデスクトップPCでないと見れないということで例えば、自分の端末を会議室に持っていって、その高精細映像で説明することができないという問題があります。

従来のオフィスLANをローカル5Gで無線化することができます。図3.2の上が従来のオフィスLAN、下がローカル5Gによるオフィスの無線化です。オフィスに（④　　　　　　　　　　　　　　　）を設置します。そうすると、端末、スマートフォン、タブレット、移動して会議、応接、あるいは他部門へ行くことができます。また、アプリケーションとしては、4K/8K超高精細映像、VR/ARバーチャルも利用することができます。

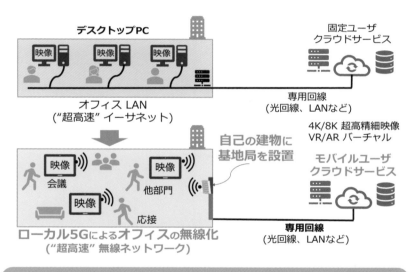

図3.2　オフィスの無線化

次に「工場の無線化、ローカル5Gならできるの？」について説明しましょう。

　従来の工場は、フィールドネットワークと呼ばれる工場専用の有線ネットワークが構築されるケースが多いです。しかし、無線化されていない工場ではいろいろ厄介な問題があるようです。例えばロボットはケーブルの範囲でないと動けない。ヒトが傍らでコントロールしないといけない。あるいは、工場とクラウド（インターネット）が繋がらないという問題があります。

従来の工場のフィールドネットワークをローカル5Gで無線化することができます。工場の中に基地局を設置します。そうすることによって、今まで固定されていた（⑤　　　　　　　　　　　　　　）が動けるようになります。また、映像を使ってヒトが遠隔操作をすることができます。これがローカル5Gによる工場の無線化です。アプリケーションとしては、4K/8K超高精細映像、VR/ARバーチャルに加え、IoT、AIなどが使えるようになります。

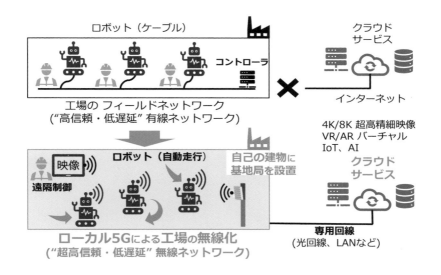

図3.3　工場の無線化

本章を振り返ってみましょう。

5Gでできるようになることは、まず、4K/8K超高精細映像サービス。次にVR/ARバーチャルサービス。IoTによるビッグデータの収集蓄積サービス。さらにAIによるビッグデータ分析サービス。

それからオフィスの無線化、これもローカル5Gでできます。例えば超高速無線による4K/8K、VR/ARができるようになります。

さらに工場の無線化、これもローカル5Gでできるようになります。超高速無線による4K/8K、VR/ARだけではなく、超高信頼・低遅延無線によるIoT、AI・ロボットを活用したビジネス変革ができるようになります。

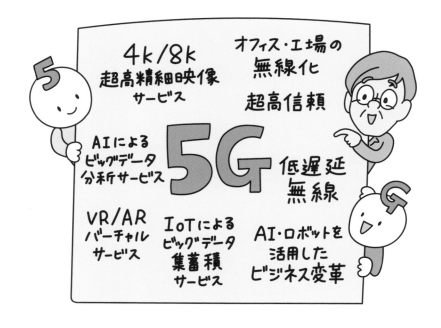

# Chapter 4

身近に感じるような
5Gの活用例、ありますか?

それでは次に4章「身近に感じるような5Gの活用例、ありますか？」に移りましょう。

　これもよくある質問です。「5Gって、身近に感じない！」ごもっともだと思います。「身近に感じる感じるような5Gの活用例あるの？」私も5Gを知らなければ同じように聞くと思います。本章ではこれらの質問にお答えします。

はい！先生！例えば身近なＤＸの例として、テレワークやオンライン教育があります。最近ではアフターコロナとして、対面も併用するハイブリッドワークやハイブリッド教育がありますが、これって5Gで実現できるのでしょうか？

はい、実現できます。

# 5Gで実現するテレワークとは？

　ローカル5Gによる（①　　　　　　　　　　　　）、ローカル5Gによるハイブリッド教育は実現できます。例えばオフィス。オフィスの中にローカル5Gを導入する。あるいはサテライトオフィス、あるいは在宅勤務。在宅勤務の場合はローカル5Gの事業者が、建物に電波を送るということによってテレワークを実施できます。学校も同じです。

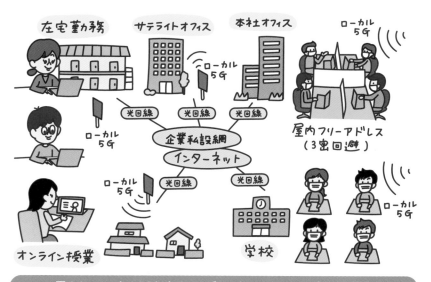

図4.1　ローカル5Gによるハイブリッドワーク・ハイブリッド教育

## 4-2

# 5Gで実現する
# バーチャルオフィスとは？

身近なDXの例として、今VRやARを活用したメタバースというクラウドアプリが流行っています。代表的なメタバースとしてバーチャルオフィスがありますが、これも5Gで実現できるのでしょうか？

はい、実現できます。

メタバース、今流行り言葉ですね。メタバースの一つに、
（②　　　　　　　　　　　　　）があります。皆さん、ご自宅でテレワーク（在宅勤務）をやっています。在宅勤務をしていながら、あたかもオフィスで仕事をしているような、そういう環境を作るものです。アバターを使います。このローカル5G＆メタバース（VR/AR）によるバーチャルオフィス、これもローカル5Gで実現できるものです。

　あるいは、リモートワークもローカル5Gとメタバースによって実現できます。

**図4.2　ローカル5G＆メタバースによるバーチャルオフィス・リモートワーク**

# 5Gで実現する遠隔操作とは？

また、身近なDXの例として、リモートワークとも呼ばれる遠隔操作があります。特に大規模災害が起きた現場や、危ない工事現場などで遠隔操作ができると助かりますよね。この遠隔操作も5Gで実現できるんでしょうか？

はい、実現できます。

例えば、山の土砂崩れが起きたとします。人が入れないような場所です。従って、ここで工事するためには人が乗ってない建機を使います。人は別に、操作ボックスの中に入って遠隔操作を行います。4K/8Kカメラを使って、人が遠隔操作します。その場合使われるのはローカル5Gです。

　山間部や河川の災害現場、工事現場など、人による建機作業が必要なケースです。安全な操作ボックス内の熟練者が現場に設置された（③　　　　　　　　　　　）からリアルタイムに送信されてくる4K/8K高精細映像を見ながら無人建機を遠隔操作します。

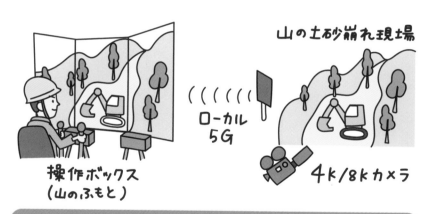

山の土砂崩れ現場

ローカル
5G

4K/8Kカメラ

操作ボックス
（山のふもと）

図4.3　ローカル5Gによる遠隔操作

## 4-4

# 5Gで実現する
# 病院の遠隔手術支援とは？

さらに遠隔操作と言えば病院の遠隔診断や遠隔手術というものも聞いたことがあります。

コロナ禍の中で明らかになったように、医療を受けたくても受けられないという課題があるのですね。そういう場合、遠隔地から遠隔診断を受けられたり、将来、遠隔手術支援を受けられたりすると助かります。この遠隔診断や遠隔手術も5Gで実現できるのでしょうか？

はい、実現できます。

ローカル5G
(超高信頼・低遅延)

熟練の
専門医

手術室

遠隔地の
大病院

光回線

専門医が
不在の病院

図4.4　ローカル5Gによる遠隔手術

　図4.4はローカル5Gによる遠隔手術です。図左上に、熟練の専門医がいます。その下は遠隔地の大病院です。右側、実際手術を行っている手術室、ここには専門医がいません。そういう場合、遠隔手術が必要となってきます。すなわち、遠隔地の大病院にいる専門医が手術室からリアルタイムに送信されてくる4K/8K超高精細手術映像を見ながら、AI＆ロボットで手術するというものです。

　この章を振り返ってみましょう。身近に感じるような5Gの活用例としては、5Gで実現するテレワーク、バーチャルオフィス、災害現場・工事現場での遠隔操作、病院での遠隔手術支援などがあります。

テレワーク

バーチャルオフィス

5G

遠隔手術支援

工事・災害現場遠隔操作

ボクの活躍のおかげで広がるビジネス

それでは次に、5章「ビジネス現場で5Gを導入するメリット、ありますか?」に移りましょう。

# 5

## Chapter

ビジネス現場で5Gを
導入するメリット、
ありますか？

5-1

# ローカル5G導入⇒
# 今までできなかった課題解決

　今まで身近に感じるような5Gの活用例を見てきましたが、実際の
ビジネスの現場、特に「製造工場の現場で、ローカル5Gを導入する
メリット、ありますか？」という質問もあるあるだと思います。

　はい！先生！ローカル5G導入のメリットは今ま
で解決できなかった製造工場の課題がローカ
ル5G導入によって解決できるということだと
思います。それでは、製造工場の現場でローカ
ル5Gの導入によってどのようにして今までで
きなかった課題解決ができるのでしょうか？そ
の辺の仕組みはよくわかりません。

はい、それでは製造工場における製品の自動検査を例にとって説明しましょう。

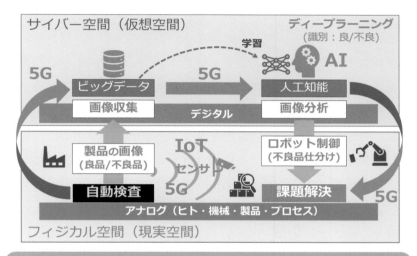

少し難しくなりますが、(①　　　　　　　　　　　　　　)空間（現実空間）と(②　　　　　　　　　　　　)空間(仮想空間)に分けて考えてみましょう。フィジカル空間はアナログ（ヒト・機械・製品・プロセス）の世界です。サイバー空間はデジタル、データの世界です。

図5.1では、製品が良品なのか不良品なのかを見つける検査を行っています。IoT、センサを使って、例えばカメラで製品を映します。その製品画像がサイバー空間に送られます。サイバー空間で画像を収集し、ビッグデータに画像データを集めていくということを行い

ます。その時、データ収集に5Gが使われます。その後、ビッグデータをAIに送ってやります。非常に大量のデータなので、ここで5Gが活用されます。そして、AIでビッグデータを学習します。その結果、AIが良品なのか不良品なのか識別する能力を持ちます。これが、画像分析です。サイバー空間でディープラーニングが、製品が良品なのか不良品なのかを識別することができます。そして、その結果をフィジカル空間（現実空間）にフィードバックしてやらないといけません。例えば、ロボット制御があります。ロボットがその不良品を見つけて仕分けします。そのためには早くデータを送ってやらないといけません。それに使われるのも、5Gです。

## 5-2

# 工場×ローカル5G
# スマートファクトリー

はい！先生！製造工場の現場で、ローカル5Gの導入によって今までできなかった製品の自動検査ができる、これってスマートファクトリーですよね？

はい、その通りだと思います。ローカル5Gとディープラーニングを活用した画像解析による(③　　　　　)も、スマートファクトリーの代表例です。

なるほど、スマートファクトリーのその他の具体例はありますか？

はい、例えばローカル5Gによる自律走行ロボット(AGV)があります。

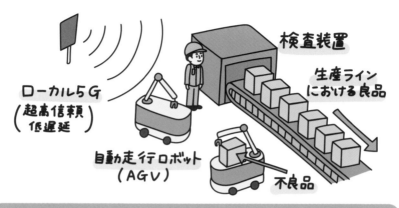

図5.2　ローカル5Gによる自動走行型ロボット(AGV)

　図5.2は工場の中です。検査装置からベルトコンベアで製品が出て
きます。先ほど申し上げた良品・不良品を識別してロボットが仕分
けをする、そこまでは同じですが、この場合、このロボットが自動
走行します。AGV・自動走行ロボットが工場の中を人や他のロボッ
ト装置、製品などとの衝突を自分自身に装着したIoTセンサとAIで
認識して回避しながら走行し、集荷や搬送を行うというものです。
これにもローカル5Gを活用できます。この場合、ローカル5Gは超
高信頼・低遅延ということになります。

　さらに、ローカル5GによるAR(拡張現実)指示というものがあり
ます。ここでARとは何かもう少し説明をしておきましょう。

仮想のデジタル情報

ローカル
5G

AR(拡張現実)：スマートグラスを
かけると、現実の光景に、コンピュー
タが作り出す仮想のデジタル情報
を重ね合わせて表示し、ユーザに知
覚させるもの

スマートグラス

**図5.3　ローカル5GによるAR(拡張現実)指示**

　スマートグラスをかけると現実の光景にコンピュータが作り出す
仮想デジタル情報を重ね合わせて表示し、ユーザーに知覚させるも
のです。ARによる現場支援は、スマートグラスをかけている作業員
に対してARで指示をすることができます。（図5.3）

　製造機械の操作や保守を行う工場の製造現場、建機の操作や保守
を行う建設土木現場などで導入が可能です。例えばこの場合、仮想
デジタル映像が、このスマートグラスをかけることによって映し出
されます。

　また、商品の陳列や価格タグ付けの支援を行う小売業なども、AR
による現場支援は可能です。

この章を振り返ってみましょう。製造工場の現場でローカル5Gを導入するメリット、これは今までできなかった課題解決です。具体的に言うと、製造業・製造工場ではディープラーニングを活用した画像分析による課題解決。あるいはIoT、AIによる自動走行型ロボットの制御。あるいはARによる作業員指示。全てローカル5Gが役に立ちます。

# 6
## Chapter

5Gを始めるには、何が必要となりますか？

それでは最後に、6章「5Gを始めるには、何が必要となりますか？」に移りましょう。

　「5Gを始めるには、何が必要になりますか？誰が、何を、導入すればよいの？」おそらく5Gを導入したいと思われる人にとってはごもっともだと思います。本章ではこの最後の質問にお答えします。

# ローカル5Gは、
# 誰が何を導入するの？

はい！先生！前の章で、製造工場の現場でもローカル5Gを導入するメリットは大いにあることがわかりました。
例えば、製造工場において、5Gを始めるには何が必要となりますか？特に、製造工場が5Gサービスを利用するにあたって、ローカル5Gネットワークとローカル5Gサービスを提供する事業者が必要となります。

そこで、製造工場が5Gサービスを利用するにあたって、誰が、何を、導入すれば良いのでしょうか？

はい、難しい質問です。わかりやすく解説していきましょう。

まず、「ローカル5Gは、誰にとって必要なの？」、これが一番の問題です。おそらく必要な人は、3人います。まず「企業ユーザー」です。それから、ユーザーにサービスを提供する「サービス事業者」。これはローカル5Gでということなので、今までなかったユーザー体験が必要となります。それとネットワークそのもの、「ローカル5G事業者」。具体的には基地局とコアネットワークが必要となってきます。このローカル5G事業者にとって必要なことは今までなかった超高速、超高信頼・低遅延かつ（①　　　　　　　　　　　　）な無線通信を提供することです。

　ローカル5Gを導入する、これは簡単なことではありません。なぜならば、免許が必要です。しかしながら、免許を取得すれば誰でもローカル5G事業者になれます。免許を取得した人のことを、（②　　　　　　　）と言います。

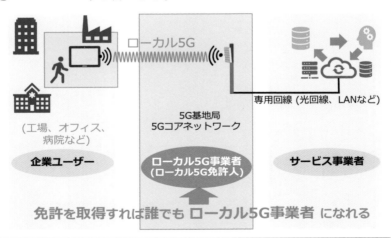

ローカル5G

（工場、オフィス、病院など）

企業ユーザー

5G基地局
5Gコアネットワーク

ローカル5G事業者
（ローカル5G免許人）

専用回線（光回線、LANなど）

サービス事業者

免許を取得すれば誰でも ローカル5G事業者 になれる

図6.1　ローカル5Gは、誰にとって必要なの？誰から何を導入するの？

誰でもローカル5G事業者になれるということですが、実際には三つのケースがあります。

　まずケース①中小企業向けローカル5Gサービス。
　これは、地域のFTTH（光回線）事業者、地域のCATV（ケーブルテレビ）事業者、地域のFWA（固定無線アクセス）事業者、彼らがローカル5G事業者になるというケースです。かつ、ローカル5Gのサービス事業者になって、4K/8K超高精細映像、VR/ARバーチャル、IoT、AIデータ分析などのサービスを提供します。
　したがって、企業ユーザーとしては、ローカル5G事業者になる必要はなく、端末もローカル5G対応の端末を持つ必要がありません。というのは、ローカル5GからWi-Fi6への変換装置、ルータを設置すれば、従来通りWi-Fi端末を使うことはできます。

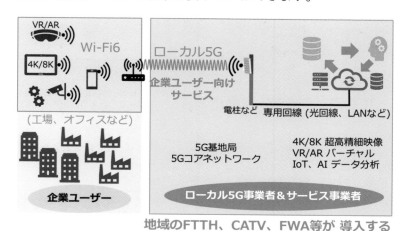

図6.2　ケース①　例：中小企業向けローカル5Gサービス

次に、ケース②工場向けローカル5Gサービスです。

　この場合は、企業ユーザー自らローカル5G免許人になります。自らローカル5Gの免許を取り、ローカル5Gのアンテナ、基地局を建ててローカル5Gのネットワークを構築します。例えば工場、オフィス、公共エリアなどです。

　一方、ローカル5Gサービスとしてはサービス事業者が提供します。例えば、4K/8K映像による遠隔監視、VR/ARによる遠隔支援、IoT、AIデータ分析、異常検知、自動検品などです。

　企業ユーザーサイドとしては、端末としてスマートフォン、タブレット、ロボット、ドローンあるいはHMDというものが必要となってきます。

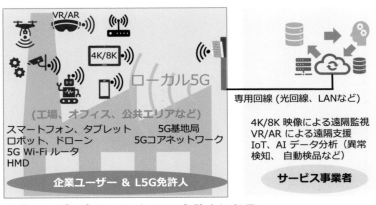

図6.3　ケース②　例：工場向けローカル5Gサービス

もう一つのケース、ケース③工場の敷地内に閉じたローカル5G、これはかなり大がかりなことになります。というのは、企業ユーザー自らローカル5Gの免許人になる、かつ、自らサービスを構築するということです。全て、企業ユーザーが構築し、自分で自分のネットワークを作り上げるということです。従いまして、各種（③　　　　　　　　）も、例えば工場の中に設置します。

　アプリケーションとしてはケース②と同じようなアプリケーションです。4K/8K映像による遠隔監視、VR/ARによる遠隔支援、IoT、AIデータ分析、異常検知、自動検品などです。

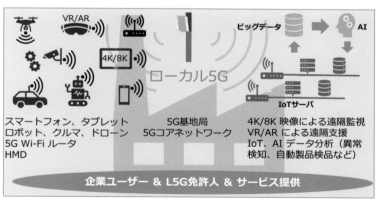

企業ユーザー自ら ローカル5G免許人になり サービス構築

図6.4　ケース③　例：工場の敷地内に閉じたローカル5G

ローカル5Gのアンテナを立てて、広いエリアで、このようなサービスを実現することができます。例えば、ロボットあるいは移動車、こういうものが工場の中を走り回りながら、このローカル5Gのサービスを受けることができる。工場の敷地内に閉じたローカル5Gを構築することができるということです。

最後になりますが、この章を振り返ってみましょう。

「5Gを始めるには、何が必要となるのか？」と「何を導入すればよいか？」。三つあります。ローカル5G事業者からローカル5Gサービスを利用する、これが一番簡単な方法です。

二つ目が、ローカル5Gシステムを導入する。そのためには、ローカル5Gの免許が必要になります。

三つ目が一番重いです。ローカル5Gシステムを導入して、かつ、免許も取得しないといけない。かつ、ローカル5Gサービスを自分で構築する。しかしながら、この3番目のケースというのは、いろんな可能性があります。自由に自分に合ったネットワークを構築し、自分に合ったサービスを提供する、かつ、安全なネットワークを構築できるというローカル5Gの最終形態かと思われます。

はい、以上でゼロから学ぶ5G入門講座を終わらせていただきます。ありがとうございました。

# ワークシート

これまでの学習を踏まえた上であなた自身や所属する会社などに置き換えて、
5Gについて考えてみましょう！

①あなたの身近なところではどのような5G対応の製品やサービスがありますか？

②あなたの業界や社会の問題の内、5Gで解決できそうなものは何ですか？

③あなたの会社などの製品・サービスの中で、5Gを活用することによって、
　新たな製品・サービスを創生できるようなモノ・コトはありますか？

④5Gに続く通信システム「6G」では、どのような技術的進化がありそうですか？
　予想してください。

⑤あなたが「こんなものがあったら便利だな」と思う未来の通信機器、
　サービスを書き出してください。

解
Answer
答

**全ての空欄が埋まりましたか？**

Chapter **1** 5Gのこと知っていますか？ 解答

① パブリック

② 電波

③ 周波数

④ 人手不足

⑤ 第4次

Chapter **2** 5Gは、今までの無線/有線と、何が違うの？ 解答

① データ通信

② 遅延

③ 通信容量

④ 妨害電波

⑤ 安全な

Chapter **3** 5Gを導入すると、何ができるようになるの？ 解答

① 拡張現実

② データ分析

③ ビジネスモデル

④ 基地局

⑤ ロボット

# 5th Generation

## Chapter 4 　身近に感じるような5Gの活用例、ありますか？ 解答

①ハイブリッドワーク

②バーチャルオフィス

③カメラ

## Chapter 5 　ビジネス現場で5Gを導入するメリット、ありますか？ 解答

①フィジカル

②サイバー

③異常検知

## Chapter 3 　5Gを始めるには、何が必要となりますか？ 解答

①セキュア

②ローカル5G免許人

③サーバ

索引

Index

引

# 索引

# 5th Generation

## 【著者略歴】

# 竹 井 俊 文

徳島大学工学部、同大学院にてニューラルネットワークを研究。
工学修士。
NECにて電話網と企業ネットワークのSEと講師、IP電話普及推
進センタのエバンジェリストを経て、現在、モバイルコンピューティ
ング推進コンソーシアム上席顧問。一般社団法人グローバル・
ベンチャー協会理事兼DX部会長。国士舘大学非常勤講師。シニ
アモバイルシステムコンサルタント。情報処理学会や大学等の講
演、電波新聞連載や書籍等の執筆活動中。「ビジネスパーソンの
ための5G入門講座」「数式・Pythonなしでわかるディープラーニ
ング入門講座」「ゼロから学ぶDX入門講座」(いずれも(株)コガ
ク刊)

# ゼロから学ぶ5G入門講座

2023年4月30日　初版発行

| | |
|---|---|
| 著　者 | 竹井 俊文 |
| 発 行 者 | 伊藤　均 |
| 発 行 所・編 者 | 株式会社 コガク |

〒160-0007 東京都新宿区荒木町23-15
アケボノ大鉄ビル2階
TEL:03-5362-5164　FAX:03-5362-5165
URL:https://www.cogaku.co.jp

発行所・販売元　とおとうみ出版
〒432-8051 静岡県浜松市南区若林町888-122
TEL:053-415-1013　FAX:053-415-1015
URL:https://www.tootoumi.com

| | |
|---|---|
| イ ラ ス ト | IDEARNEST株式会社　黒野 裕巳佳 |
| 印刷・製本所 | 東海電子印刷株式会社 |

本書は丈夫で開きの良い「PUR製本」です。

tootoumi.com

BC04-T